I0505054

RUMO A UM PLANETA SUSTENTÁVEL

Contribuições para um Futuro Melhor

José Ruiz Watzeck

Watzeck Home Studius Digital do Brasil

ÍNDICE

Rumo a um Planeta Sustentável - Contribuições para um Futuro Melhor

JOSÉ RUIZ WATZECK

PREFÁCIO

O livro "Rumo a um Planeta Sustentável" é uma obra escrita por um professor comprometido com a preservação do meio ambiente e visa apresentar à sociedade soluções coesas para construir um futuro sustentável. Dividido em 15 capítulos, a obra aborda questões essenciais relacionadas à sustentabilidade e explora maneiras pelas quais cada um de nós pode contribuir para um planeta saudável.

A partir de uma introdução impactante, o livro estabelece a importância do meio ambiente e os desafios que enfrentamos atualmente. Em seguida, são explicados os conceitos básicos de sustentabilidade, destacando seus pilares ambientais, sociais e econômicos, além de enfatizar a importância da redução, reutilização e reciclagem.

A obra discute questões urgentes, como mudanças climáticas, conservação da biodiversidade, gestão de recursos hídricos e a necessidade de adotar energias renováveis. Também aborda a importância de uma agricultura sustentável, o consumo consciente, o gerenciamento adequado de resíduos e a promoção de um transporte mais sustentável.

Além disso, o livro explora o papel crucial da educação ambiental na formação de cidadãos conscientes e engajados. Também destaca a importância do envolvimento da comunidade e a influência das políticas públicas e da legislação ambiental na promoção de mudanças positivas.

O livro encerra com uma reflexão sobre os desafios e as oportunidades futuras, bem como um apelo à ação individual e coletiva. Sugere ações práticas que cada pessoa pode realizar para contribuir para um planeta sustentável e conclui com a importância da colaboração global e dos Objetivos de Desenvolvimento Sustentável (ODS) da ONU.

"Rumo a um Planeta Sustentável" é uma leitura inspiradora que motiva os leitores a se tornarem agentes de mudança em prol do meio ambiente. Com base em informações atualizadas e exemplos práticos, esta obra oferece uma visão holística sobre a sustentabilidade e fornece orientações claras sobre como cada indivíduo pode fazer a diferença. Juntos, podemos construir um futuro melhor para as gerações futuras e garantir a preservação do nosso planeta.

CAPÍTULO 1: INTRODUÇÃO

Nosso planeta enfrenta desafios cada vez mais complexos, desde mudanças climáticas devastadoras até a perda acelerada da biodiversidade. É nosso dever, como membros dessa sociedade, refletir e agir em prol de um futuro mais promissor.

O objetivo deste é fornecer uma visão abrangente sobre as questões ambientais e apresentar soluções coesas para enfrentar esses desafios. Como professor, tenho o privilégio de compartilhar com vocês conhecimentos e perspectivas que nos ajudarão a compreender melhor o papel que desempenhamos na construção de um mundo mais sustentável.

Nas páginas seguintes, exploraremos conceitos fundamentais de sustentabilidade, compreendendo que a proteção do meio ambiente não pode ser dissociada de aspectos sociais e econômicos. Faremos uma imersão nas mudanças climáticas, compreendendo suas causas e consequências, bem como as ações que podemos tomar para mitigar seus impactos.

Discutiremos também a importância da conservação da biodiversidade, da gestão responsável dos recursos hídricos e do uso de energias renováveis como fonte de energia limpa e sustentável. Além disso, exploraremos práticas agrícolas sustentáveis, o consumo consciente, o gerenciamento adequado de resíduos e a promoção de um transporte mais sustentável.

Ao longo deste livro, não deixaremos de abordar o papel crucial da educação ambiental na formação de cidadãos conscientes e engajados. Acreditamos que, por meio do conhecimento e da conscientização, podemos despertar ações individuais e coletivas que impactarão positivamente nosso planeta.

É importante ressaltar que, embora o desafio seja imenso, também encontramos oportunidades para a transformação. Tecnologias inovadoras, iniciativas comunitárias e políticas públicas eficientes são exemplos de ferramentas que podemos utilizar para moldar um futuro melhor.

No entanto, precisamos agir agora. A urgência é palpável e a responsabilidade é de todos nós. Cada pequena ação conta, desde escolhas diárias de consumo até o engajamento em projetos ambientais locais.

Ao final deste, espero que você se sinta inspirado e capacitado para se tornar um agente de mudança. Juntos, podemos construir um futuro em que a harmonia entre a humanidade e o meio ambiente seja uma realidade.

Vamos começar essa jornada em busca de um planeta sustentável. O primeiro passo começa agora.

CAPÍTULO 2: CONCEITOS BÁSICOS DE SUSTENTABILIDADE

No capítulo anterior, exploramos a importância de preservar o meio ambiente e a necessidade de construir um futuro sustentável. Agora, vamos aprofundar nosso conhecimento sobre os conceitos fundamentais de sustentabilidade, compreendendo sua essência e sua relevância para nossa sociedade.

Definição de sustentabilidade: A sustentabilidade é um conceito que engloba a capacidade de suprir as necessidades presentes sem comprometer a capacidade das gerações futuras de suprirem as suas. Em outras palavras, trata-se de um equilíbrio entre as dimensões ambiental, social e econômica, buscando o desenvolvimento de forma equitativa e respeitando os limites do planeta.

Pilares da sustentabilidade: Para compreendermos a sustentabilidade em sua totalidade, é essencial abordar seus três pilares principais:

1. **Ambiental**: O pilar ambiental refere-se à conservação e preservação dos recursos naturais e dos ecossistemas. É fundamental adotarmos práticas que reduzam o consumo de recursos não renováveis, protejam a biodiversidade e promovam o uso sustentável dos recursos naturais.

2. **Social**: O pilar social diz respeito ao bem-estar humano e à equidade social. Busca-se garantir que todas as pessoas tenham acesso a condições de vida dignas, incluindo saúde, educação, moradia, segurança e oportunidades de trabalho. A inclusão social e o respeito à diversidade são elementos-chave nesse pilar.

3. **Econômico**: O pilar econômico está relacionado à viabilidade financeira das atividades humanas. Busca-se promover um desenvolvimento econômico sustentável, baseado em práticas

responsáveis, que considerem os impactos ambientais e sociais. O objetivo é conciliar o crescimento econômico com a preservação dos recursos naturais e a distribuição justa de riquezas.

Princípios de sustentabilidade: Além dos pilares, existem princípios fundamentais que orientam a sustentabilidade. Alguns deles incluem:

1. **Reduzir, reutilizar e reciclar**: Esses princípios estão relacionados à minimização do consumo de recursos e à redução da geração de resíduos. A ideia é buscar alternativas que promovam a eficiência no uso de recursos e estendam a vida útil dos produtos, reduzindo a necessidade de extração de matérias-primas e a quantidade de resíduos descartados no meio ambiente.

2. **Pensar em ciclos**: A sustentabilidade incentiva a adoção de uma abordagem circular, na qual os produtos e materiais são projetados e utilizados de forma a serem reintegrados aos ciclos produtivos, evitando-se desperdícios e maximizando a eficiência.

3. **Princípio do precaucionário**: Esse princípio consiste em tomar medidas preventivas diante de riscos ambientais, mesmo que não haja certeza científica absoluta sobre suas consequências. É uma abordagem proativa que busca evitar danos irreversíveis ao meio ambiente.

A interconexão dos pilares: É importante ressaltar que os pilares da sustentabilidade estão interligados e se influenciam mutuamente. Um desequilíbrio em qualquer um dos pilares pode comprometer a sustentabilidade como um todo. Por exemplo, a degradação ambiental pode afetar negativamente a qualidade de vida das comunidades, e desigualdades sociais podem levar a um uso insustentável dos recursos naturais.

Portanto, é essencial buscar soluções que abordem os três pilares de maneira integrada. Isso significa que ações voltadas para a preservação ambiental devem considerar os aspectos sociais e econômicos envolvidos, e vice-versa. Somente através dessa abordagem holística, poderemos alcançar um equilíbrio verdadeiro e duradouro.

Além dos pilares da sustentabilidade, também é necessário considerar o contexto cultural e ético em que as práticas sustentáveis são aplicadas. Diferentes culturas têm perspectivas e valores diversos em relação à natureza e ao meio ambiente. É importante respeitar e valorizar essa diversidade, promovendo a inclusão e o diálogo entre diferentes visões.

Outro ponto crucial, é o reconhecimento de que a sustentabilidade não é um objetivo final, mas um processo contínuo de aprendizado e adaptação. À medida que adquirimos novos conhecimentos e enfrentamos novos desafios, é necessário ajustar nossas práticas e buscar soluções inovadoras. A sustentabilidade é dinâmica e requer uma mentalidade de melhoria contínua.

Por fim, é importante ressaltar que a sustentabilidade não é responsabilidade exclusiva de governos, organizações ou especialistas. Todos nós temos um papel a desempenhar na construção de um futuro sustentável. Cada indivíduo pode contribuir fazendo escolhas conscientes em seu estilo de vida, promovendo a educação ambiental, participando de iniciativas comunitárias e exigindo mudanças positivas.

Neste capítulo, exploramos os conceitos básicos de sustentabilidade, compreendendo seus pilares e princípios. Nos próximos capítulos, iremos aprofundar nosso conhecimento em questões ambientais específicas e explorar maneiras práticas de contribuir para um planeta sustentável.

Lembre-se de que a sustentabilidade é um desafio coletivo que exige a colaboração de todos. Juntos, podemos criar um futuro melhor para as gerações presentes e futuras, onde o equilíbrio entre o meio ambiente, a sociedade e a economia seja uma realidade alcançada.

CAPÍTULO 3: MUDANÇAS CLIMÁTICAS: DESAFIOS E SOLUÇÕES

Neste capítulo, exploraremos um dos maiores desafios ambientais enfrentados pela humanidade: as mudanças climáticas. Compreenderemos as causas e consequências desse fenômeno global e exploraremos as soluções necessárias para enfrentá-lo. É fundamental compreendermos a urgência dessa questão e nos unirmos em busca de ações efetivas.

Seção 1: Causas das mudanças climáticas:

- Explicação dos principais fatores que contribuem para as mudanças climáticas, como o aumento das emissões de gases de efeito estufa provenientes de atividades humanas, como a queima de combustíveis fósseis e o desmatamento.
- Exploração do papel do desequilíbrio do ciclo do carbono e o aumento da concentração de dióxido de carbono (CO_2) na atmosfera.
- Discussão sobre outros gases de efeito estufa, como o metano e o óxido nitroso, e seu impacto no aquecimento global.

Seção 2: Consequências das mudanças climáticas:

- Análise dos efeitos das mudanças climáticas em diferentes ecossistemas e regiões, incluindo o aumento da temperatura média global, alterações nos padrões de chuva, elevação do nível do mar, derretimento de geleiras e eventos climáticos extremos.
- Exploração do impacto nas comunidades humanas, como o deslocamento de populações, a escassez de recursos, a insegurança alimentar e a propagação de doenças.

Seção 3: Adaptação às mudanças climáticas:

- Discussão sobre a importância da adaptação às mudanças climáticas, ou seja, a capacidade de se ajustar e lidar com os impactos inevitáveis.

- Exploração de estratégias de adaptação, como o desenvolvimento de infraestrutura resiliente, a gestão sustentável dos recursos hídricos, a proteção de ecossistemas naturais e a implementação de práticas agrícolas adaptadas ao clima.

Seção 4: Mitigação das mudanças climáticas:

- Abordagem da importância da mitigação, ou seja, a redução das emissões de gases de efeito estufa para limitar o aquecimento global.
- Exploração de estratégias de mitigação, como a transição para fontes de energia renovável, a eficiência energética, o reflorestamento e a captura e armazenamento de carbono.
- Discussão sobre a importância da cooperação internacional e de acordos como o "Acordo de Paris" para impulsionar ações globais de mitigação.

Seção 5: Ação individual e coletiva:

- Destaque para a importância da ação individual na mitigação das mudanças climáticas, como a redução do consumo de energia, o uso de transportes sustentáveis e a adoção de práticas de consumo consciente.
- Exploração do papel das organizações e governos na implementação de políticas e regulamentações voltadas para a redução das emissões.
- Incentivo à participação ativa na defesa de medidas climáticas, como a pressão por políticas mais ambiciosas e a participação em movimentos e organizações voltadas para a conscientização e ação climática.

Seção 6: Educação e conscientização:

- Exploração do papel da educação ambiental na conscientização sobre as mudanças climáticas e na formação de cidadãos engajados e capacitados.
- Discussão sobre a importância de incluir o tema das mudanças climáticas nos currículos escolares e nas atividades de sensibilização da comunidade.

- Sugestões de recursos educacionais e iniciativas para promover a compreensão das mudanças climáticas e incentivar ações individuais e coletivas.

Seção 7: Exemplos inspiradores:

- Apresentação de casos de sucesso e iniciativas inspiradoras relacionadas à mitigação e adaptação às mudanças climáticas.
- Exploração de projetos inovadores, tanto a nível local como global, que estão fazendo a diferença na luta contra as mudanças climáticas.
- Incentivo à replicação desses exemplos inspiradores e à busca por soluções criativas e sustentáveis em diferentes setores da sociedade.

A urgência em enfrentar esse problema exige que todos nós nos engajemos em ações concretas para reduzir as emissões de gases de efeito estufa, promover a sustentabilidade e buscar soluções inovadoras. Através da educação, da conscientização e do trabalho conjunto, podemos construir um futuro mais resiliente e sustentável para as gerações presentes e futuras.

CAPÍTULO 4: CONSERVAÇÃO DA BIODIVERSIDADE: PRESERVANDO A VIDA NA TERRA

Neste capítulo, exploraremos a importância da conservação da biodiversidade, reconhecendo a riqueza e a variedade de formas de vida existentes no planeta Terra. Compreenderemos os desafios enfrentados pela biodiversidade e exploraremos estratégias eficazes para sua preservação. A conservação da biodiversidade é essencial para garantir a saúde dos ecossistemas e a sustentabilidade do nosso planeta.

Seção 1: O valor da biodiversidade:

- Exploração dos benefícios que a biodiversidade traz para os ecossistemas e para as pessoas, como a provisão de alimentos, a regulação do clima, a purificação da água e a promoção da saúde.
- Discussão sobre o valor intrínseco da biodiversidade, ou seja, a importância de preservar as espécies e os ecossistemas independentemente de seu valor econômico.

Seção 2: Ameaças à biodiversidade:

- Identificação das principais ameaças que afetam a biodiversidade, como a perda e degradação de habitats, a exploração excessiva de recursos naturais, a introdução de espécies invasoras e as mudanças climáticas.
- Exploração do papel das atividades humanas no desequilíbrio ecológico e nas perdas de biodiversidade.

Seção 3: Estratégias de conservação:

- Apresentação de abordagens eficazes para a conservação da biodiversidade, como a criação de áreas protegidas, a restauração de ecossistemas degradados e a adoção de práticas sustentáveis de uso da terra.
- Discussão sobre a importância da conservação in situ (no próprio local) e ex situ (fora do local) para a preservação de espécies

ameaçadas.

Seção 4: Preservação de ecossistemas chave:

- Destaque para a importância da preservação de ecossistemas chave, como florestas tropicais, oceanos, recifes de coral e áreas de manguezal.
- Exploração dos serviços ecossistêmicos prestados por esses ecossistemas e das estratégias necessárias para sua proteção e restauração.

Seção 5: Engajamento comunitário e participação pública:

- Discussão sobre o envolvimento das comunidades locais na conservação da biodiversidade, reconhecendo seu conhecimento tradicional e promovendo a participação ativa em tomadas de decisão.
- Apresentação de exemplos de iniciativas de sucesso que envolvem a participação pública na conservação, como reservas comunitárias e projetos de turismo sustentável.

Seção 6: Conservação marinha:

- Exploração dos desafios e estratégias específicas relacionadas à conservação dos ecossistemas marinhos, incluindo a proteção de áreas marinhas protegidas, a redução da poluição e a gestão sustentável dos recursos pesqueiros.

Seção 7: Tecnologia e inovação para a conservação:

- Discussão sobre o papel da tecnologia e da inovação na conservação da biodiversidade, como o uso de técnicas de monitoramento remoto, a genética de conservação e o desenvolvimento de novas abordagens para a conservação de espécies ameaçadas.
- Exploração de exemplos de tecnologias aplicadas à conservação, como o uso de drones para monitorar áreas protegidas, o uso de técnicas de reprodução assistida para espécies ameaçadas e o uso de inteligência artificial na identificação e monitoramento de

espécies.

Seção 8: Educação e conscientização:
- Destaque para a importância da educação ambiental na conscientização sobre a importância da conservação da biodiversidade.
- Exploração de estratégias educacionais eficazes para promover o entendimento da biodiversidade e incentivar a ação individual e coletiva para sua preservação.
- Sugestões de atividades práticas e recursos educacionais para envolver as pessoas no processo de conservação.

Seção 9: Cooperação internacional e políticas de conservação:

- Discussão sobre a importância da cooperação internacional na conservação da biodiversidade, reconhecendo que muitas espécies e ecossistemas têm alcance global.
- Exploração de acordos e convenções internacionais, como a Convenção sobre Diversidade Biológica, e a importância de políticas e regulamentações nacionais para a proteção da biodiversidade.

Neste capítulo, exploramos a importância da conservação da biodiversidade como um componente essencial para a sustentabilidade do nosso planeta. Reconhecemos as ameaças que enfrentamos e destacamos estratégias eficazes para preservar a vida na Terra. A conservação da biodiversidade requer esforços conjuntos, envolvendo governos, comunidades locais, organizações não governamentais e indivíduos.

Ao preservar a biodiversidade, garantimos a saúde dos ecossistemas, a manutenção dos serviços ecossistêmicos e o bem-estar das comunidades humanas. Através da educação, da participação ativa e da adoção de práticas sustentáveis, podemos fazer a diferença na proteção da biodiversidade.

Nos próximos capítulos, continuaremos a explorar questões ambientais importantes e a apresentar maneiras práticas de contribuir para um planeta mais sustentável, levando em conta a conservação da biodiversidade e seu papel crucial na manutenção da vida na Terra.

CAPÍTULO 5: USO SUSTENTÁVEL DOS RECURSOS NATURAIS: EQUILIBRANDO NOSSAS NECESSIDADES

Neste capítulo, abordaremos a questão do uso sustentável dos recursos naturais, reconhecendo a importância de equilibrar nossas necessidades com a preservação dos ecossistemas e a garantia de recursos para as gerações futuras. Exploraremos estratégias para uma gestão responsável dos recursos naturais, promovendo a sustentabilidade em diferentes setores da sociedade.

Seção 1: A importância dos recursos naturais:

- Exploração do papel dos recursos naturais na manutenção da vida e na sustentabilidade dos ecossistemas.
- Identificação dos principais tipos de recursos naturais, como água, solo, minerais, energia, flora e fauna.
- Discussão sobre a interdependência entre os recursos naturais e sua importância para as necessidades humanas, como alimentação, abrigo, energia e materiais.

Seção 2: Desafios na gestão dos recursos naturais:

- Identificação dos desafios enfrentados na gestão dos recursos naturais, como a sobre-exploração, a degradação dos ecossistemas, a poluição e a escassez de recursos.
- Exploração das consequências desses desafios, tanto para os ecossistemas como para as comunidades humanas que dependem desses recursos.

Seção 3: Princípios da gestão sustentável dos recursos naturais:

- Apresentação de princípios fundamentais para a gestão sustentável dos recursos naturais, como a precaução, a conservação, a eficiência e a equidade.
- Discussão sobre a importância da integração dos aspectos sociais, econômicos e ambientais na tomada de decisões

relacionadas aos recursos naturais.

Seção 4: Uso sustentável da água:

- Exploração da importância da água como recurso vital e as ameaças que enfrenta, como a escassez hídrica e a contaminação.
- Apresentação de estratégias para o uso sustentável da água, como a conservação, a reutilização, a gestão integrada de recursos hídricos e a proteção dos ecossistemas aquáticos.

Seção 5: Gestão sustentável de florestas e biodiversidade:

- Discussão sobre a importância das florestas e da biodiversidade na sustentabilidade dos ecossistemas e na provisão de serviços ecossistêmicos.
- Exploração de estratégias para a gestão sustentável de florestas, incluindo a conservação, o manejo florestal sustentável e o combate ao desmatamento ilegal.
- Destaque para a importância da valorização e proteção da biodiversidade como base para a sustentabilidade dos recursos naturais.

Seção 6: Energia sustentável e eficiência energética:

- Apresentação de abordagens para a transição para fontes de energia sustentáveis, como a energia renovável, visando reduzir a dependência de combustíveis fósseis e mitigar as mudanças climáticas.
- Exploração da importância da eficiência energética na redução do consumo e no uso mais racional dos recursos energéticos.

Seção 7: Gestão sustentável de min erais e materiais:

- Exploração dos desafios relacionados à extração e ao uso de minerais e materiais, como a degradação ambiental, a escassez de recursos e os impactos sociais.
- Apresentação de estratégias para a gestão sustentável de minerais e materiais, incluindo a redução, a reciclagem, a substituição por materiais mais sustentáveis e a adoção de

práticas responsáveis na cadeia de suprimentos.

Seção 8: Agricultura e segurança alimentar sustentável:

- Discussão sobre a importância da agricultura sustentável na garantia da segurança alimentar e na preservação dos recursos naturais.
- Apresentação de práticas agrícolas sustentáveis, como a agroecologia, a agricultura de conservação e a diversificação de culturas, visando minimizar os impactos negativos no solo, na água e na biodiversidade.

Seção 9: Redução do desperdício e consumo consciente:

- Destaque para a importância da redução do desperdício e do consumo excessivo na preservação dos recursos naturais.
- Exploração de estratégias para o consumo consciente, como a reutilização, a reciclagem, a compra responsável e o compartilhamento de recursos.

Seção 10: Responsabilidade corporativa e políticas públicas:

- Discussão sobre o papel das empresas e das políticas públicas na promoção do uso sustentável dos recursos naturais.
- Exploração de exemplos de práticas sustentáveis em diferentes setores, bem como de políticas e regulamentações que incentivam a gestão responsável dos recursos.

CAPÍTULO 6: ENERGIAS RENOVÁVEIS: RUMO A UMA TRANSIÇÃO SUSTENTÁVEL

Neste capítulo, abordaremos a importância das energias renováveis como uma alternativa sustentável aos combustíveis fósseis. Exploraremos as diversas formas de energia renovável disponíveis, seus benefícios ambientais e socioeconômicos, além dos desafios e oportunidades para sua implementação em larga escala. A transição para uma matriz energética mais limpa e renovável é essencial para combater as mudanças climáticas e garantir a sustentabilidade do nosso planeta.

Seção 1: A necessidade de energia limpa:

- Exploração dos impactos negativos dos combustíveis fósseis, como a emissão de gases de efeito estufa e a poluição do ar.
- Discussão sobre a importância de reduzir a dependência de fontes não renováveis e adotar fontes de energia limpa e sustentável.

Seção 2: Energia Solar:

- Apresentação da energia solar como uma das principais fontes de energia renovável.
- Exploração das tecnologias fotovoltaicas e de aquecimento solar, destacando seus benefícios, como a redução das emissões de carbono e a geração distribuída.

Seção 3: Energia Eólica:

- Discussão sobre a energia eólica como uma forma madura e promissora de energia renovável.
- Exploração dos diferentes tipos de turbinas eólicas e dos aspectos relacionados à sua implantação, como a escolha de locais apropriados e os impactos ambientais e visuais.

Seção 4: Energia Hidrelétrica:

- Apresentação da energia hidrelétrica como uma das fontes de energia renovável mais utilizadas globalmente.
- Exploração dos diferentes tipos de usinas hidrelétricas, incluindo as de grande porte e as de pequena escala, e seus benefícios e desafios.

Seção 5: Energia de Biomassa:

- Discussão sobre a energia de biomassa como uma forma de aproveitamento energético de materiais orgânicos.
- Exploração das fontes de biomassa, como resíduos agrícolas, resíduos florestais e biogás, e seus benefícios e limitações.

Seção 6: Energia Geotérmica:

- Apresentação da energia geotérmica como uma fonte de energia renovável que utiliza o calor proveniente do interior da Terra.
- Exploração dos diferentes tipos de sistemas geotérmicos e de suas aplicações, destacando os benefícios e desafios dessa forma de energia.

Seção 7: Energias Oceânicas:

- Discussão sobre as energias provenientes dos oceanos, como a energia das marés, das ondas e das correntes marítimas.
- Exploração do potencial dessas fontes de energia e dos desafios técnicos e ambientais associados à sua implementação.

Seção 8: Integração de energias renováveis no sistema energético:

- Apresentação de estratégias para a integração eficiente e sustentável das energias renováveis no sistema energético, incluindo o uso de redes inteligentes e o armazenamento de energia.

Seção 9: Desafios e oportunidades da transição energética:

- Discussão dos principais desafios enfrentados na transição para uma matriz energética baseada em energias renováveis.
- Exploração dos desafios técnicos, como a intermitência e a

variabilidade das fontes renováveis, e a necessidade de soluções de armazenamento e gerenciamento de energia.

- Análise dos desafios econômicos, como os custos de implantação e os impactos na indústria de combustíveis fósseis.

- Abordagem dos desafios políticos, como a resistência de setores tradicionais e a necessidade de políticas favoráveis e incentivos para promover a transição.

- Apresentação das oportunidades associadas à transição energética para energias renováveis.

- Exploração dos benefícios socioeconômicos, como a criação de empregos verdes, o desenvolvimento de tecnologias e a redução da dependência de importação de combustíveis fósseis.

- Destaque para os benefícios ambientais, como a redução das emissões de gases de efeito estufa e a melhoria da qualidade do ar.

- Discussão das oportunidades de inovação e empreendedorismo no setor de energias renováveis.

Seção 10: Políticas e incentivos para a transição energética:

- Exploração das políticas governamentais e incentivos necessários para promover a transição energética.

- Discussão sobre a importância de políticas de apoio, como tarifas de energia renovável, metas de energia limpa e incentivos fiscais.

- Abordagem das políticas de descarbonização, como precificação de carbono e regulamentações ambientais mais rigorosas.

- Destaque para a importância da cooperação internacional e acordos climáticos para promover a transição energética em nível global.

Neste capítulo, exploramos a importância das energias renováveis como uma solução fundamental para a transição para um futuro sustentável. Reconhecemos os desafios enfrentados, mas também destacamos as oportunidades e os benefícios socioeconômicos e ambientais associados à adoção de fontes de energia limpa. A transição energética requer ações conjuntas, envolvendo governos, setor privado e sociedade civil, para promover políticas e incentivos adequados, investimentos em pesquisa e desenvolvimento, e a conscientização sobre os benefícios das energias renováveis.

Nos próximos capítulos, continuaremos a explorar temas relacionados à sustentabilidade e ao meio ambiente, apresentando estratégias e ações práticas para contribuir para um planeta mais sustentável, levando em consideração a importância das energias renováveis e da transição energética para mitigar as mudanças climáticas e garantir um futuro sustentável para as gerações presentes e futuras.

CAPÍTULO 7: PRESERVAÇÃO DOS ECOSSISTEMAS: CONSERVANDO A BIODIVERSIDADE E OS SERVIÇOS ECOSSISTÊMICOS

Neste capítulo, abordaremos a importância da preservação dos ecossistemas como base para a conservação da biodiversidade e dos serviços ecossistêmicos. Exploraremos a diversidade de ecossistemas existentes no planeta, os desafios enfrentados na conservação e estratégias para proteger e restaurar esses sistemas vitais. A preservação dos ecossistemas é essencial para garantir a sustentabilidade do nosso planeta e o bem-estar das espécies, incluindo os seres humanos.

Seção 1: A importância dos ecossistemas:

- Exploração do conceito de ecossistema e sua relação com a biodiversidade e os serviços ecossistêmicos.
- Discussão sobre a interdependência entre os componentes dos ecossistemas, como as espécies vegetais, animais, micro-organismos e o ambiente físico.
- Identificação dos principais serviços ecossistêmicos, como a regulação do clima, a purificação do ar e da água, a polinização, a proteção contra desastres naturais e a provisão de alimentos.

Seção 2: A perda de biodiversidade e a degradação dos ecossistemas:
- Apresentação dos principais fatores que contribuem para a perda de biodiversidade e a degradação dos ecossistemas, como a conversão de habitats, a fragmentação, a poluição, as espécies invasoras e as mudanças climáticas.
- Discussão sobre as consequências da perda de biodiversidade e da degradação dos ecossistemas para a estabilidade dos ecossistemas e para a sociedade humana.

Seção 3: Conservação de ecossistemas terrestres:

- Exploração das estratégias e abordagens para a conservação de ecossistemas terrestres, como florestas, savanas, desertos, tundras e outros biomas.
- Discussão sobre a importância da criação e gestão de áreas protegidas, da restauração de ecossistemas degradados e da adoção de práticas agrícolas sustentáveis.

Seção 4: Conservação de ecossistemas aquáticos:

- Apresentação das estratégias de conservação de ecossistemas aquáticos, como oceanos, mares, rios, lagos e zonas úmidas.
- Exploração da importância da proteção de habitats costeiros, da gestão sustentável da pesca, da redução da poluição e do combate à degradação dos ecossistemas aquáticos.

Seção 5: Conservação da biodiversidade:

- Discussão sobre a importância da conservação da biodiversidade como um todo, incluindo a preservação de espécies ameaçadas e a proteção da diversidade genética.
- Apresentação de estratégias para a conservação da biodiversidade, como a criação de áreas protegidas, o estabelecimento de corredores ecológicos, a educação ambiental e a participação da comunidade local.

Seção 6: Restauração de ecossistemas:

- Exploração da importância da restauração de ecossistemas degradados como uma estratégia fundamental para a conservação da biodiversidade e a recuperação dos serviços ecossistêmicos.
- Discussão sobre as abordagens e técnicas de restauração, como o reflorestamento, a recuperação de áreas úmidas e a remediação de ecossistemas aquáticos.
- Apresentação de casos de sucesso na restauração de ecossistemas e os benefícios resultantes dessa prática.

Seção 7: Conservação da biodiversidade e comunidades locais:

- Abordagem da importância da integração das comunidades

locais na conservação da biodiversidade e na preservação dos ecossistemas.

- Exploração de abordagens participativas, como a gestão comunitária de áreas protegidas, a valorização do conhecimento tradicional e o fortalecimento das capacidades locais para a conservação.

Seção 8: A importância da conectividade dos ecossistemas:

- Discussão sobre a importância da conectividade dos ecossistemas para a conservação da biodiversidade.
- Exploração dos corredores ecológicos, pontes verdes e outras estratégias que visam conectar fragmentos de habitats, permitindo a movimentação de espécies e a troca genética.

Seção 9: Desafios e oportunidades na conservação de ecossistemas:

- Identificação dos desafios enfrentados na conservação de ecossistemas, como a falta de financiamento, a falta de conscientização pública e a pressão humana sobre os recursos naturais.
- Exploração das oportunidades, como a colaboração entre governos, organizações não governamentais e setor privado, bem como o avanço da tecnologia para monitoramento e avaliação.

Seção 10: O papel do indivíduo na conservação de ecossistemas:
- Destaque para o papel que cada indivíduo pode desempenhar na conservação de ecossistemas.
- Apresentação de ações práticas, como reduzir o consumo de recursos naturais, apoiar iniciativas de conservação, participar de programas de voluntariado e promover a conscientização ambiental.

Neste capítulo, exploramos a importância da preservação dos ecossistemas como base para a conservação da biodiversidade e dos serviços ecossistêmicos. Reconhecemos os desafios enfrentados na conservação, mas também destacamos as estratégias e abordagens eficazes para proteger e restaurar os ecossistemas vitais. A conservação dos ecossistemas é fundamental para garantir a sustentabilidade do nosso planeta, a qualidade de vida das espécies e a resiliência dos ecossistemas diante das mudanças globais.

Nos próximos capítulos, continuaremos a explorar temas relacionados à sustentabilidade e ao meio ambiente, apresentando estratégias e ações práticas para contribuir para a preservação dos ecossistemas, a conservação da biodiversidade e a promoção de um planeta mais sustentável.

CAPÍTULO 8: EDUCAÇÃO AMBIENTAL: CAPACITANDO PARA A SUSTENTABILIDADE

Neste capítulo, abordaremos a importância da educação ambiental como uma ferramenta fundamental para capacitar indivíduos e comunidades na promoção da sustentabilidade. Exploraremos os princípios da educação ambiental, suas abordagens e estratégias, bem como os benefícios de uma educação ambiental abrangente e transformadora. Através da educação ambiental, podemos desenvolver uma consciência ambiental, estimular a participação ativa e promover ações práticas para enfrentar os desafios ambientais que enfrentamos atualmente.

Seção 1: Princípios da Educação Ambiental:

- Apresentação dos princípios da educação ambiental, como a interdisciplinaridade, a contextualização, a participação ativa, a sustentabilidade e a equidade.
- Exploração da importância de uma abordagem holística que integre conhecimentos científicos, valores, atitudes e habilidades.

Seção 2: Objetivos da Educação Ambiental:

- Discussão dos objetivos da educação ambiental, como o desenvolvimento da consciência ambiental, o fortalecimento da cidadania ativa, a promoção da sustentabilidade e a capacitação para a ação.

Seção 3: Abordagens e Estratégias da Educação Ambiental:

- Apresentação das diferentes abordagens e estratégias da educação ambiental, como a aprendizagem experiencial, a educação ao ar livre, a educação baseada em problemas e a educação para a ação.
- Destaque para a importância da prática, da reflexão e da conexão com a natureza como elementos-chave na educação ambiental.

Seção 4: Educação Ambiental nas Instituições de Ensino:

- Exploração da incorporação da educação ambiental nas instituições de ensino, desde a educação infantil até o ensino superior.
- Discussão sobre a importância de currículos interdisciplinares, espaços de aprendizagem sustentáveis e práticas pedagógicas inovadoras.

Seção 5: Educação Ambiental não Formal:

- Apresentação da educação ambiental não formal, que ocorre fora do contexto escolar, em organizações não governamentais, centros comunitários, museus, parques e outras instituições.
- Destaque para a importância da educação ambiental não formal na promoção da conscientização, da participação cívica e da mudança de comportamento.

Seção 6: Educação Ambiental e Comunidades Locais:

- Discussão sobre a importância da educação ambiental como um meio de fortalecer as comunidades locais na tomada de decisões sustentáveis.
- Exploração de abordagens participativas, como a educação popular, a mobilização comunitária e o envolvimento das partes interessadas.

Seção 7: Educação Ambiental e Tecnologia:

- Apresentação do papel da tecnologia na educação ambiental, como ferramenta de comunicação, pesquisa, monitoramento e engajamento.
- Exploração de recursos digitais, aplicativos móveis, jogos educativos e plataformas online como recursos para promover a educação ambiental.

Seção 8: Avaliação e Monitoramento da Educação Ambiental:

- Discussão sobre a importância da avaliação e do monitoramento da educação ambiental para verificar a eficácia das estratégias e abordagens utilizadas.

- Exploração de métodos e indicadores para avaliar o impacto da educação ambiental, como pesquisas, avaliações de conhecimento, mudanças de comportamento e indicadores de sustentabilidade.

Seção 9: Desafios e Oportunidades na Educação Ambiental:

- Identificação dos desafios enfrentados na implementação da educação ambiental, como a falta de recursos, a resistência a mudanças e a necessidade de integração curricular.
- Exploração das oportunidades, como parcerias interinstitucionais, colaboração entre educadores e capacitação profissional.

Seção 10: Educação Ambiental para um Futuro Sustentável:

- Destaque para a importância de uma educação ambiental transformadora que capacite os indivíduos a se tornarem agentes de mudança para um futuro sustentável.
- Apresentação de exemplos inspiradores de projetos e iniciativas de educação ambiental que têm impacto positivo nas comunidades e no meio ambiente.

Neste capítulo, exploramos a importância da educação ambiental como uma ferramenta poderosa para capacitar os indivíduos e as comunidades na promoção da sustentabilidade. Através da educação ambiental, podemos desenvolver uma consciência ambiental, estimular a participação ativa e promover ações práticas para enfrentar os desafios ambientais. Reconhecemos os princípios, objetivos, abordagens e estratégias da educação ambiental, bem como os desafios e as oportunidades que enfrentamos. Continuar investindo em educação ambiental é essencial para criar uma sociedade consciente, comprometida e capaz de construir um futuro sustentável para as gerações presentes e futuras.

Nos próximos capítulos, continuaremos a explorar temas relacionados à sustentabilidade e ao meio ambiente, apresentando estratégias e ações práticas para promover a conscientização ambiental, a mudança de comportamento e a transformação para uma sociedade mais sustentável.

CAPÍTULO 9: ENERGIAS RENOVÁVEIS: RUMO A UM FUTURO SUSTENTÁVEL

Neste capítulo, exploraremos o papel das energias renováveis no caminho para um futuro sustentável. Abordaremos a importância de reduzir nossa dependência dos combustíveis fósseis, os benefícios das energias renováveis e as principais tecnologias disponíveis atualmente. Além disso, discutiremos os desafios e as oportunidades da transição para um sistema energético mais limpo e sustentável.

Seção 1: O impacto dos combustíveis fósseis:

- Exploração dos efeitos negativos dos combustíveis fósseis no meio ambiente, como a poluição do ar, as mudanças climáticas e a degradação dos ecossistemas.
- Discussão sobre os problemas socioeconômicos e geopolíticos associados à dependência dos combustíveis fósseis.

Seção 2: Energias renováveis e sustentabilidade:

- Apresentação dos conceitos de energia renovável e sustentabilidade energética.
- Exploração dos benefícios das energias renováveis, como a redução das emissões de gases de efeito estufa, a segurança energética, a criação de empregos e o desenvolvimento local.

Seção 3: Energia solar:

- Discussão sobre a energia solar como uma das principais fontes de energia renovável.
- Apresentação das tecnologias solares, como painéis fotovoltaicos e usinas de concentração solar, e seus usos em residências, empresas e usinas de energia.

Seção 4: Energia eólica:

- Exploração da energia eólica como uma forma cada vez mais

popular de energia renovável.

- Apresentação das turbinas eólicas terrestres e offshore, bem como dos parques eólicos, e suas contribuições para a matriz energética.

Seção 5: Energia hidrelétrica:

- Apresentação da energia hidrelétrica como uma das principais fontes de energia renovável.
- Discussão sobre os diferentes tipos de usinas hidrelétricas, seus impactos ambientais e seu papel na geração de energia limpa.

Seção 6: Energia de biomassa:

- Exploração da energia de biomassa como uma forma de energia renovável derivada de resíduos orgânicos.
- Apresentação das tecnologias de conversão de biomassa, como a bioenergia, o biogás e os biocombustíveis, e suas aplicações.

Seção 7: Energia geotérmica:

- Discussão sobre a energia geotérmica, que aproveita o calor do interior da Terra para gerar eletricidade ou aquecimento.
- Apresentação das tecnologias geotérmicas, como os sistemas de bombas de calor e as usinas geotérmicas, e seus benefícios como fonte de energia limpa e constante.

Seção 8: Desafios da transição energética:

- Identificação dos desafios enfrentados na transição para um sistema energético baseado em energias renováveis, como o custo inicial, a integração na rede elétrica e a resistência às mudanças.

Seção 9: Oportunidades e soluções:

- Exploração das oportunidades econômicas, tecnológicas e sociais oferecidas pela transição para energias renováveis.
- Apresentação de soluções e estratégias para superar os desafios da transição, como incentivos governamentais, investimentos em pesquisa e desenvolvimento, e parcerias público-privadas.

Seção 10: Energias renováveis e o papel do indivíduo:

- Destaque para o papel que cada indivíduo pode desempenhar na promoção das energias renováveis.
- Discussão sobre ações práticas, como o uso de painéis solares em residências, a opção por veículos elétricos e o apoio a políticas favoráveis às energias limpas.

Seção 11: Energias renováveis no cenário global:

- Exploração das iniciativas e compromissos internacionais para aumentar a participação das energias renováveis na matriz energética global.
- Discussão sobre os avanços e os exemplos de países que têm sido bem-sucedidos na implementação de políticas e infraestruturas para promover as energias renováveis.

Neste capítulo, exploramos o papel das energias renováveis no caminho para um futuro sustentável. Reconhecemos os impactos negativos dos combustíveis fósseis e os benefícios das energias renováveis, abordando tecnologias como a solar, eólica, hidrelétrica, de biomassa e geotérmica. Discutimos os desafios e as oportunidades da transição para um sistema energético mais limpo, bem como o papel fundamental do indivíduo na promoção das energias renováveis. A adoção em larga escala das energias renováveis é essencial para reduzir as emissões de gases de efeito estufa, combater as mudanças climáticas e alcançar a sustentabilidade energética.

Nos próximos capítulos, continuaremos a explorar temas relacionados à sustentabilidade e ao meio ambiente, apresentando estratégias e ações práticas para promover o uso de energias renováveis, a eficiência energética e a transição para um sistema energético mais sustentável.

CAPÍTULO 10: AGRICULTURA SUSTENTÁVEL: CULTIVANDO UM FUTURO RESILIENTE

Neste capítulo, vamos explorar o conceito de agricultura sustentável e como ela desempenha um papel fundamental na construção de um futuro resiliente. Abordaremos os desafios da agricultura convencional, os princípios da agricultura sustentável e as práticas agrícolas que promovem a saúde do solo, a conservação dos recursos naturais e a segurança alimentar. Compreenderemos como a agricultura sustentável pode contribuir para a proteção do meio ambiente e o bem-estar das comunidades rurais.

Seção 1: Os desafios da agricultura convencional:

A agricultura convencional, como muitas pessoas conhecem, enfrenta alguns desafios sérios. O uso excessivo de produtos químicos, como pesticidas e fertilizantes, pode contaminar o solo e a água, afetando a saúde humana e a biodiversidade. Além disso, a degradação do solo e a perda da biodiversidade são preocupações importantes. A agricultura convencional também é dependente de recursos finitos, como combustíveis fósseis e água, que estão se esgotando. Esses desafios nos levam a buscar alternativas mais sustentáveis.

Seção 2: Princípios da agricultura sustentável:
A agricultura sustentável é baseada em princípios que visam preservar a saúde do solo, promover a biodiversidade e garantir a segurança alimentar. Esses princípios incluem a redução do uso de produtos químicos, a diversificação de culturas, o manejo eficiente da água e a proteção da vida selvagem. Também é importante respeitar os ciclos naturais e promover a cooperação entre agricultores e comunidades locais. Ao adotar esses princípios, podemos cultivar alimentos saudáveis e proteger o meio ambiente ao mesmo tempo.

Seção 3: Práticas agrícolas sustentáveis:

Existem muitas práticas agrícolas sustentáveis que podemos adotar para promover a saúde do solo e a conservação dos recursos naturais. A agroecologia é uma abordagem que considera os ecossistemas agrícolas como sistemas complexos, nos quais as plantas, os animais e os seres humanos interagem de forma harmoniosa. A permacultura é outra prática que se baseia na observação da natureza para projetar sistemas agrícolas sustentáveis. Além disso, a rotação de culturas, o manejo integrado de pragas e a compostagem são técnicas valiosas para reduzir a dependência de produtos químicos e melhorar a fertilidade do solo.

Seção 4: Agricultura orgânica:

A agricultura orgânica é uma forma popular de agricultura sustentável. Ela se baseia no uso de práticas naturais para cultivar alimentos saudáveis e proteger o meio ambiente. Na agricultura orgânica, não são utilizados produtos químicos sintéticos, como pesticidas e fertilizantes, e são promovidas práticas como a rotação de culturas, o uso de adubos orgânicos e o controle biológico de pragas. Os alimentos orgânicos são certificados para garantir que foram produzidos de acordo com os padrões estabelecidos para a agricultura orgânica.

Seção 5: Agricultura de conservação:

A agricultura de conservação é uma abordagem que busca preservar a saúde do solo e minimizar o impacto ambiental. Ela se baseia em três princípios principais: plantio direto, cobertura vegetal e rotação de culturas. O plantio direto consiste em semear as sementes diretamente no solo, sem a necessidade de ará-lo, o que ajuda a reduzir a erosão e a preservar a estrutura do solo. A cobertura vegetal envolve o cultivo de plantas de cobertura, como trevo ou aveia, entre os ciclos de cultivo principal, o que contribui para a proteção do solo e a melhoria da fertilidade. A rotação de culturas consiste em alternar diferentes culturas em uma mesma área ao longo do tempo, o que ajuda a controlar pragas e doenças, além de melhorar a saúde do solo.

Seção 6: Agricultura urbana e periurbana:

A agricultura não se limita apenas às áreas rurais. A agricultura urbana e periurbana desempenha um papel importante na produção de alimentos locais, na redução das emissões de carbono e no fortalecimento das comunidades. A agricultura urbana envolve o cultivo de alimentos em áreas urbanas, como jardins comunitários, hortas em telhados e sistemas de agricultura vertical. Já a agricultura periurbana refere-se à produção agrícola nas áreas adjacentes às cidades. Essas práticas promovem a segurança alimentar, a conexão das pessoas com a produção de alimentos e a redução da pegada ecológica ao diminuir a distância percorrida pelos alimentos.

Seção 7: Desafios e oportunidades da agricultura sustentável:

A adoção generalizada da agricultura sustentável enfrenta desafios, como a resistência às mudanças, a falta de conhecimento e os custos iniciais mais altos. No entanto, também apresenta grandes oportunidades. A agricultura sustentável pode reduzir a dependência de insumos externos, como fertilizantes e pesticidas, o que beneficia a economia dos agricultores. Além disso, ela promove a resiliência dos sistemas agrícolas diante de desafios como as mudanças climáticas e pode garantir a segurança alimentar para as futuras gerações. A conscientização e a educação são fundamentais para superar os desafios e aproveitar as oportunidades da agricultura sustentável.

A agricultura sustentável desempenha um papel crucial na construção de um futuro resiliente, equilibrando a produção de alimentos com a proteção do meio ambiente. Através de práticas agrícolas sustentáveis, como a agroecologia, a agricultura orgânica e a agricultura de conservação, podemos preservar a saúde do solo, promover a biodiversidade e garantir a segurança alimentar. A agricultura urbana e periurbana também desempenha um papel importante ao aproximar as pessoas da produção de alimentos e reduzir a distância entre a produção e o consumo. Ao superar os desafios e aproveitar as oportunidades da agricultura sustentável, podemos construir um futuro em que a agricultura seja capaz de alimentar a população de forma saudável, respeitando os limites do planeta.

É importante que cada um de nós desempenhe um papel ativo na promoção da agricultura sustentável. Como consumidores, podemos optar por alimentos orgânicos, apoiar os agricultores locais e reduzir o desperdício de alimentos. Como agricultores, podemos implementar práticas sustentáveis, como a rotação de culturas, o uso de adubos naturais e a conservação da água. Além disso, governos e instituições têm um papel crucial na promoção de políticas agrícolas sustentáveis, fornecendo incentivos e apoio aos agricultores que adotam práticas sustentáveis.

A agricultura sustentável não se trata apenas de produzir alimentos, mas também de cuidar do nosso planeta e das gerações futuras. Ao adotar práticas agrícolas que respeitem a natureza e promovam a saúde do solo e a conservação dos recursos, podemos contribuir para a construção de um mundo mais sustentável e equilibrado.

Ao concluir este capítulo, espero ter proporcionado uma compreensão mais clara sobre a importância da agricultura sustentável e como ela pode contribuir para a construção de um futuro resiliente. Através da implementação de práticas sustentáveis e do apoio aos agricultores engajados nesse processo, podemos criar um sistema agrícola mais saudável, justo e resiliente. Juntos, podemos cultivar um futuro melhor para nós mesmos e para as gerações vindouras, onde a agricultura e o meio ambiente coexistam em harmonia.

CAPÍTULO 11: GERENCIAMENTO DE RESÍDUOS: REDUZINDO, REUTILIZANDO E RECICLANDO PARA UM FUTURO SUSTENTÁVEL

Neste capítulo, exploraremos a importância do gerenciamento adequado de resíduos e como ele desempenha um papel fundamental na construção de um futuro sustentável. Abordaremos os desafios associados aos resíduos, as três Rs (Reduzir, Reutilizar e Reciclar) como princípios fundamentais e as práticas que podem ser adotadas para minimizar o impacto ambiental dos resíduos que produzimos. Compreenderemos como cada um de nós pode contribuir para um sistema de gerenciamento de resíduos eficiente e sustentável.

Seção 1: Os desafios dos resíduos:

O aumento da população e do consumo tem levado a uma crescente geração de resíduos. Os resíduos podem incluir materiais como plásticos, papel, vidro, metais, resíduos orgânicos e eletrônicos, que, se não forem gerenciados adequadamente, podem causar danos ao meio ambiente e à saúde humana. Além disso, o descarte inadequado de resíduos pode resultar na contaminação do solo, da água e do ar, contribuindo para a poluição e as mudanças climáticas. É fundamental enfrentar esses desafios e adotar práticas sustentáveis de gerenciamento de resíduos.

Seção 2: Os três R's: Reduzir, Reutilizar e Reciclar:

Reduzir, Reutilizar e Reciclar - são princípios fundamentais no gerenciamento de resíduos e na promoção de uma economia circular. A primeira R, Reduzir, envolve a diminuição da quantidade de resíduos gerados, evitando o desperdício e fazendo escolhas conscientes de consumo. A segunda R, Reutilizar, consiste em dar uma segunda vida aos produtos, prolongando sua utilidade por meio de reparos, doações, trocas ou transformações criativas. A terceira R, Reciclar, é o processo de transformação de resíduos em novos materiais ou produtos, reduzindo a necessidade de extrair recursos naturais e economizando energia.

Seção 3: Práticas de gerenciamento de resíduos sustentáveis:

Existem diversas práticas que podem ser adotadas para um gerenciamento de resíduos mais sustentável. A separação adequada dos resíduos em diferentes categorias, como plástico, papel, vidro e metal, facilita o processo de reciclagem. A compostagem de resíduos orgânicos, como restos de comida e folhas, é uma prática eficaz para reduzir a quantidade de resíduos enviados para aterros sanitários e produzir adubo natural para a agricultura. A adoção de embalagens retornáveis, a utilização de sacolas reutilizáveis e a escolha de produtos com embalagens sustentáveis são maneiras de reduzir o uso excessivo de materiais descartáveis.

Seção 4: Responsabilidade individual e engajamento comunitário:

Cada um de nós tem um papel fundamental no gerenciamento de resíduos e podemos fazer a diferença através de nossas ações individuais e engajamento comunitário. Aqui estão algumas maneiras pelas quais podemos contribuir:

1. Reduzir o consumo: Opte por produtos duráveis e de qualidade, evite compras por impulso e planeje suas necessidades. Comprar menos significa gerar menos resíduos.

2. Reutilizar: Dê uma segunda vida aos itens antes de descartá-los. Pense em consertar roupas e eletrodomésticos quebrados, doar ou vender itens que você não usa mais e explorar o mercado de produtos usados.

3. Reciclar corretamente: Familiarize-se com o sistema de reciclagem de sua região e siga as diretrizes específicas. Separe corretamente os materiais recicláveis e garanta que estejam limpos e secos antes de colocá-los na lixeira de reciclagem.

4. Compostagem: Se você tiver um jardim ou espaço ao ar livre,

considere a compostagem de resíduos orgânicos. Isso não só reduzirá a quantidade de resíduos que vão para o aterro sanitário, mas também produzirá um excelente adubo para suas plantas.

5. Evitar produtos descartáveis: Opte por alternativas reutilizáveis, como garrafas de água, talheres e canudos de metal ou vidro. Além disso, leve sua própria sacola de compras para evitar o uso de sacolas plásticas.

6. Educação e conscientização: Compartilhe seu conhecimento sobre práticas de gerenciamento de resíduos sustentáveis com amigos, familiares e comunidade. Organize workshops ou palestras locais para promover a conscientização e fornecer orientações práticas sobre como reduzir, reutilizar e reciclar.

7. Engajamento comunitário: Participe de iniciativas locais de gerenciamento de resíduos, como grupos de coleta seletiva, mutirões de limpeza ou campanhas de conscientização. Junte-se a organizações ou comitês de meio ambiente em sua comunidade e contribua para a implementação de práticas sustentáveis.

Cada um de nós tem um papel fundamental a desempenhar, seja como consumidor consciente, reciclador responsável ou defensor de práticas sustentáveis em nossa comunidade. Juntos, podemos criar um ambiente mais limpo, preservar os recursos naturais e construir um futuro melhor para as próximas gerações.

CAPÍTULO 12: TRANSPORTE SUSTENTÁVEL: PROMOVENDO MOBILIDADE LIMPA E EFICIENTE

Neste capítulo, exploraremos o tema do transporte sustentável e sua importância na construção de um futuro mais limpo e eficiente. Abordaremos os desafios do transporte convencional, os benefícios do transporte sustentável e as diversas opções disponíveis para promover a mobilidade sustentável em nossas vidas diárias. Compreenderemos como cada um de nós pode fazer escolhas conscientes e contribuir para a redução das emissões de gases de efeito estufa e a melhoria da qualidade do ar através do transporte sustentável.

Seção 1: Desafios do transporte convencional:

O transporte convencional, baseado principalmente em combustíveis fósseis, apresenta uma série de desafios ambientais e sociais. Os veículos movidos a gasolina ou diesel são responsáveis por uma parcela significativa das emissões de gases de efeito estufa, contribuindo para as mudanças climáticas. Além disso, o congestionamento nas cidades, a poluição do ar e a dependência de recursos não renováveis são problemas urgentes que precisam ser abordados.

Seção 2: Benefícios do transporte sustentável:

O transporte sustentável oferece uma série de benefícios para o meio ambiente, a saúde humana e a economia. Ao optar por meios de transporte mais sustentáveis, como caminhar, andar de bicicleta, usar transporte público ou veículos elétricos, podemos reduzir significativamente as emissões de gases de efeito estufa, melhorar a qualidade do ar nas cidades e diminuir a dependência de combustíveis fósseis. Além disso, a promoção do transporte sustentável estimula o desenvolvimento econômico, cria empregos e proporciona uma maior qualidade de vida para as comunidades.

Seção 3: Opções de transporte sustentável:

Existem diversas opções de transporte sustentável que podem ser adotadas em nosso dia a dia. Vejamos algumas delas:

1. Caminhar e andar de bicicleta: Para distâncias curtas, opte por caminhar ou andar de bicicleta. Além de serem formas de transporte livre de emissões, são ótimas maneiras de manter-se ativo e saudável.

2. Transporte público: Utilize o transporte público sempre que possível. Ônibus, metrôs e trens têm uma capacidade maior de transporte e emitem menos gases poluentes por passageiro, além de reduzir o congestionamento nas estradas.

3. Compartilhamento de caronas: Considere compartilhar caronas com colegas de trabalho, vizinhos ou amigos que possuem trajetos semelhantes. Além de reduzir o número de veículos nas ruas, você economiza dinheiro com combustível e estacionamento.

4. Veículos elétricos: Se você possui um veículo particular, considere a opção de veículos elétricos (EVs). Os EVs têm zero emissões de escapamento e estão se tornando cada vez mais acessíveis e disponíveis. Além disso, o uso de infraestrutura de carregamento de energia renovável aumenta ainda mais a sustentabilidade do transporte elétrico.

Seção 4: Incentivos e políticas para o transporte sustentável
Para promover o transporte sustentável, é essencial contar com incentivos e políticas que incentivem as escolhas sustentáveis. Aqui estão algumas iniciativas que podem ser adotadas:

1. Infraestrutura adequada: Investir na criação de ciclovias seguras e bem projetadas, calçadas acessíveis e sistemas de transporte público eficientes é fundamental. Essa infraestrutura encoraja as pessoas a optarem por modos de transporte sustentáveis.

2. Incentivos financeiros: Governos podem oferecer incentivos

financeiros, como subsídios ou redução de impostos, para a compra de veículos elétricos, bicicletas e outros modos de transporte sustentáveis. Isso torna essas opções mais acessíveis e atraentes para os consumidores.

3. Restrições ao uso de veículos poluentes: Implementar políticas que restrinjam ou penalizem o uso de veículos altamente poluentes, como pedágios urbanos ou zonas de baixa emissão, incentiva a transição para opções de transporte mais limpas.

4. Integração do planejamento urbano: Planejar cidades de forma mais integrada, com uma mistura de residências, comércio e serviços próximos, reduz a necessidade de deslocamentos longos e favorece a utilização de meios de transporte sustentáveis.

5. Conscientização e educação: Promover campanhas de conscientização sobre os benefícios do transporte sustentável e os impactos negativos do transporte convencional é fundamental para engajar a população. Informar sobre alternativas de transporte sustentável e seus benefícios pode encorajar mais pessoas a adotarem essas práticas.

6. Parcerias público-privadas: Governos podem estabelecer parcerias com empresas privadas para incentivar o uso de transporte sustentável. Por exemplo, empresas podem oferecer descontos ou benefícios aos funcionários que utilizam transporte público ou meios de transporte não motorizados.

O transporte sustentável desempenha um papel crucial na construção de um futuro mais limpo e eficiente. Ao optarmos por formas de transporte mais sustentáveis, como caminhar, andar de bicicleta, utilizar o transporte público ou veículos elétricos, podemos reduzir as emissões de gases de efeito estufa, melhorar a qualidade do ar e criar comunidades mais saudáveis e vibrantes.

Com incentivos adequados, políticas eficazes e conscientização, podemos promover a adoção generalizada do transporte sustentável e trabalhar juntos para criar um sistema de mobilidade mais sustentável para todos.

CAPÍTULO 13: ENGAJAMENTO DA SOCIEDADE: JUNTOS PELA SUSTENTABILIDADE

Neste capítulo, exploraremos a importância do engajamento da sociedade na busca por um futuro sustentável. Abordaremos como cada indivíduo pode fazer a diferença por meio de ações conscientes e como o envolvimento comunitário pode impulsionar mudanças significativas. Vamos explorar maneiras de promover o engajamento da sociedade e incentivar práticas sustentáveis em nosso cotidiano.

Seção 1: A força do indivíduo:

Cada indivíduo tem o poder de fazer a diferença em prol da sustentabilidade. Pequenas ações diárias, quando multiplicadas por milhões de pessoas, têm um impacto significativo. Aqui estão algumas maneiras pelas quais podemos contribuir:

1. Educação e conscientização: Buscar conhecimento sobre questões ambientais e compartilhar informações com amigos, familiares e colegas. Podemos participar de cursos, workshops e eventos relacionados à sustentabilidade para aprimorar nossa compreensão.

2. Mudança de hábitos: Identificar hábitos e comportamentos que podem ser ajustados para se tornarem mais sustentáveis. Isso pode incluir reduzir o consumo excessivo, optar por produtos ecológicos, economizar energia e água, entre outras práticas.

3. Escolhas de consumo responsável: Considerar o impacto ambiental dos produtos que compramos. Priorizar produtos locais, orgânicos e de comércio justo. Valorizar empresas que adotam práticas sustentáveis em suas cadeias de suprimento.

4. Participação política: Engajar-se na política local e nacional, apoiando candidatos e partidos comprometidos com a sustentabilidade. Podemos participar de manifestações, petições e

campanhas em prol de políticas ambientais mais robustas.

Seção 2: Engajamento comunitário:

Além das ações individuais, o engajamento comunitário é essencial para impulsionar mudanças sustentáveis em larga escala. Aqui estão algumas maneiras de envolver a comunidade:

1. Organização de eventos locais: Realizar feiras, workshops e palestras sobre sustentabilidade em sua comunidade. Isso permite compartilhar conhecimento, trocar ideias e criar um senso de unidade em torno de questões ambientais.

2. Criação de grupos de ação local: Formar grupos ou associações locais focadas em projetos sustentáveis. Esses grupos podem abordar questões específicas, como energia renovável, conservação de recursos, jardinagem comunitária, entre outros.

3. Parcerias com instituições locais: Estabelecer parcerias com escolas, empresas, organizações religiosas e instituições governamentais para promover iniciativas sustentáveis. Isso pode envolver a implementação de programas de reciclagem, projetos de eficiência energética, hortas comunitárias, entre outros.

4. Voluntariado em projetos ambientais: Participar de iniciativas de limpeza de praias, rios e parques locais. Contribuir para a preservação e restauração de áreas naturais, plantio de árvores e proteção da vida selvagem.

Seção 3: Fortalecendo a voz coletiva:

Para fortalecer o engajamento da sociedade, é fundamental trabalhar em conjunto e fortalecer a voz coletiva em prol da sustentabilidade. Aqui estão algumas estratégias para alcançar esse objetivo:

1. Redes e movimentos sociais: Conectar-se a redes e movimentos sociais que compartilham objetivos semelhantes é uma forma poderosa de ampliar o impacto. Participar de organizações locais ou globais que lutam pela sustentabilidade permite unir esforços e

criar mudanças significativas.

2. Comunicação eficaz: Utilizar canais de comunicação eficazes, como mídias sociais, blogs, podcasts e eventos públicos, para disseminar informações sobre sustentabilidade e incentivar a participação ativa da sociedade. É importante compartilhar histórias inspiradoras, exemplos práticos e dados que despertem a consciência coletiva.

3. Engajamento online: Aproveitar as plataformas digitais para mobilizar e engajar pessoas em questões sustentáveis. Campanhas online, petições, compartilhamento de informações relevantes e incentivo à participação em eventos podem amplificar a mensagem e alcançar um público mais amplo.

4. Parcerias estratégicas: Estabelecer parcerias com empresas, instituições acadêmicas, ONGs e governos pode fortalecer a capacidade de criar mudanças sustentáveis. Trabalhar em conjunto para desenvolver projetos, compartilhar recursos e alinhar objetivos pode potencializar os esforços e maximizar o impacto.

5. Advocacia e influência política: Além de participar da política, é importante pressionar por políticas ambientais mais fortes. Isso pode ser feito por meio de campanhas de sensibilização, lobby, envio de cartas aos representantes eleitos e participação em consultas públicas.

O engajamento da sociedade é essencial para impulsionar a transição em direção a um futuro sustentável. Ao agir como indivíduos conscientes e participar de iniciativas comunitárias, podemos fazer a diferença em nossas próprias vidas e inspirar aqueles ao nosso redor a seguir o exemplo. Ao fortalecer a voz coletiva e trabalhar em parceria, podemos criar um movimento poderoso capaz de impulsionar mudanças positivas em âmbito local, nacional e global. Juntos, podemos construir um mundo mais sustentável para as gerações presentes e futuras.

CAPÍTULO 14: POLÍTICAS PÚBLICAS E LEGISLAÇÃO AMBIENTAL: CAMINHOS PARA A SUSTENTABILIDADE

Neste capítulo, exploraremos a importância das políticas públicas e da legislação ambiental na busca por um futuro sustentável. Discutiremos como essas medidas podem moldar comportamentos individuais e corporativos, promovendo práticas mais responsáveis em relação ao meio ambiente. Vamos abordar exemplos de políticas públicas e leis que visam proteger o meio ambiente e incentivar a adoção de práticas sustentáveis.

Seção 1: O papel das políticas públicas:

As políticas públicas desempenham um papel fundamental na promoção da sustentabilidade. Aqui estão algumas áreas em que as políticas podem ter um impacto significativo:

1. Energias renováveis: Implementar políticas que incentivem o uso de fontes de energia renovável, como solar, eólica e hidrelétrica. Isso pode incluir subsídios para a instalação de painéis solares, programas de incentivo à energia eólica e metas de energias renováveis para o setor elétrico.

2. Eficiência energética: Desenvolver políticas que promovam a eficiência energética em residências, prédios comerciais e industriais. Isso pode envolver programas de certificação energética, incentivos para a adoção de tecnologias eficientes e regulamentações que exigem padrões mais altos de eficiência.

3. Conservação de recursos naturais: Implementar políticas que incentivem a conservação e o uso sustentável dos recursos naturais, como florestas, água e biodiversidade. Isso pode incluir a criação de áreas protegidas, regulamentações para a extração responsável de recursos naturais e incentivos para a adoção de práticas agrícolas sustentáveis.

4. Transporte sustentável: Desenvolver políticas que promovam o

transporte sustentável, como a expansão de redes de transporte público, a construção de ciclovias e o incentivo ao uso de veículos elétricos. Também pode envolver a implementação de pedágios urbanos e políticas de zoneamento que incentivem a criação de comunidades acessíveis e com infraestrutura adequada.

Seção 2: A importância da legislação ambiental:

A legislação ambiental desempenha um papel fundamental na proteção do meio ambiente e no estabelecimento de diretrizes para práticas sustentáveis. Aqui estão algumas áreas em que a legislação ambiental pode atuar:

1. Proteção da biodiversidade: Estabelecer leis que protejam habitats naturais, espécies ameaçadas e ecossistemas frágeis. Isso pode incluir a criação de áreas protegidas, a proibição da caça ilegal e a regulamentação do comércio de espécies ameaçadas.

2. Gestão de resíduos: Estabelecer leis que promovam a gestão adequada de resíduos, como a implementação de programas de coleta seletiva, a regulamentação do descarte de resíduos perigosos e a promoção da reciclagem.

3. Controle da poluição: Implementar leis que limitem a emissão de poluentes no ar, água e solo

4. Responsabilização corporativa: Estabelecer leis que responsabilizem as empresas por suas práticas ambientais, promovendo a adoção de tecnologias limpas, a redução de emissões de gases de efeito estufa e a implementação de programas de responsabilidade social corporativa.

5. Educação ambiental: Desenvolver leis que promovam a educação ambiental em todos os níveis de ensino, garantindo que os cidadãos tenham conhecimento e consciência sobre questões ambientais. Isso pode incluir a inclusão de currículos ambientais, a formação de professores e a promoção de programas de conscientização nas comunidades.

Seção 3: Incentivando a prática e participação:

Além de estabelecer políticas públicas e legislações ambientais, é fundamental incentivar a prática e a participação ativa da sociedade. Aqui estão algumas maneiras de promover o engajamento:

1. Conscientização e educação: Promover campanhas de conscientização sobre a importância da sustentabilidade e dos benefícios das políticas públicas e legislações ambientais. É essencial fornecer informações claras e acessíveis para que as pessoas entendam a relevância dessas medidas.

2. Engajamento comunitário: Incentivar a participação da comunidade na tomada de decisões relacionadas a políticas públicas e legislações ambientais. Isso pode incluir a realização de consultas públicas, fóruns de discussão e parcerias com organizações locais.

3. Monitoramento e responsabilização: Estabelecer mecanismos de monitoramento e responsabilização para garantir o cumprimento das políticas públicas e legislações ambientais. Isso pode envolver auditorias ambientais, fiscalização rigorosa e punições adequadas para aqueles que violarem as leis.

4. Incentivos econômicos: Criar incentivos econômicos para empresas e indivíduos adotarem práticas sustentáveis. Isso pode incluir subsídios para a implementação de tecnologias limpas, benefícios fiscais para empresas que adotam práticas ambientalmente responsáveis e programas de financiamento para projetos sustentáveis.

5. Capacitação e suporte: Fornecer recursos e suporte técnico para ajudar empresas e indivíduos a se adaptarem às políticas públicas e legislações ambientais. Isso pode incluir programas de capacitação, acesso a financiamentos e parcerias com especialistas no assunto.

As políticas públicas e a legislação ambiental desempenham um papel crucial na promoção da sustentabilidade. Ao estabelecer diretrizes e incentivos adequados, podemos moldar comportamentos individuais e corporativos em direção a práticas mais responsáveis em relação ao meio ambiente. No entanto, é fundamental incentivar a prática e a participação ativa da sociedade para que essas medidas sejam efetivas. Juntos, podemos criar um ambiente mais sustentável, preservando os recursos naturais e garantindo um futuro saudável para as gerações presentes e futuras.

CAPÍTULO 15: DESAFIOS E OPORTUNIDADES FUTURAS: CONSTRUINDO UM FUTURO SUSTENTÁVEL

Neste capítulo, exploraremos os desafios e oportunidades que enfrentamos ao buscar um futuro sustentável. Apesar dos avanços, ainda há muito a ser feito para proteger o meio ambiente e criar uma sociedade mais equilibrada. Discutiremos os principais desafios que enfrentamos e também as oportunidades que temos para fazer a diferença. Vamos explorar como cada indivíduo pode contribuir para superar esses desafios e aproveitar as oportunidades para construir um futuro sustentável.

Seção 1: Desafios Ambientais:

1. Mudanças climáticas: O aquecimento global é um dos maiores desafios ambientais que enfrentamos atualmente. As emissões de gases de efeito estufa provenientes da queima de combustíveis fósseis estão causando o aumento das temperaturas globais, levando a eventos climáticos extremos e mudanças nos padrões climáticos.

2. Perda de biodiversidade: A perda de biodiversidade devido à destruição de habitats naturais, poluição e introdução de espécies invasoras é um desafio significativo. A diminuição da diversidade biológica afeta o equilíbrio dos ecossistemas, comprometendo a oferta de alimentos, água limpa e outros serviços ecossistêmicos essenciais.

3. Escassez de recursos naturais: O crescimento populacional e o consumo excessivo estão levando à escassez de recursos naturais, como água, minerais e energia. A exploração insustentável desses recursos compromete a capacidade de atender às necessidades futuras das gerações.

Seção 2: Oportunidades para a Sustentabilidade:

1. Transição para energias renováveis: A adoção em larga escala de

energias renováveis, como solar, eólica e hidrelétrica, representa uma grande oportunidade para reduzir as emissões de gases de efeito estufa e diminuir nossa dependência de combustíveis fósseis.

2. Economia circular: A transição para uma economia circular, em que os resíduos são minimizados, os materiais são reutilizados e reciclados, e o consumo é baseado no uso sustentável dos recursos, oferece oportunidades para reduzir o desperdício e criar um sistema mais eficiente e resiliente.

3. Tecnologia e inovação: O avanço tecnológico e a inovação podem impulsionar soluções sustentáveis em diversas áreas, desde transporte e construção até agricultura e gerenciamento de resíduos. O desenvolvimento de tecnologias limpas e a aplicação de práticas inovadoras são oportunidades promissoras para enfrentar os desafios ambientais.

4. Conscientização e educação: A conscientização e a educação desempenham um papel fundamental na mudança de comportamentos e no estabelecimento de uma cultura de sustentabilidade. A oportunidade de educar e capacitar as pessoas, desde a infância até a idade adulta, é crucial para criar uma sociedade mais consciente e engajada.

Seção 3: Ação Individual e Coletiva:

1. Consumo consciente: Cada indivíduo tem o poder de fazer escolhas conscientes em relação ao consumo. Optar por produtos sustentáveis, com menor pegada ambiental, como alimentos orgânicos, produtos recicláveis e de empresas socialmente responsáveis, contribui para reduzir a pressão sobre os recursos naturais e diminuir a poluição.

2. Redução do desperdício: Uma ação simples, mas impactante, é reduzir o desperdício. Isso pode ser feito através da prática dos 3 R's: Reduzir, Reutilizar e Reciclar. Evitar o uso de itens descartáveis, reutilizar embalagens e objetos sempre que possível

e separar corretamente os materiais para reciclagem são atitudes que fazem a diferença.

3. Mobilização comunitária: O engajamento comunitário é uma oportunidade valiosa para promover a sustentabilidade. Participar de grupos locais, ONGs ou movimentos sociais voltados para a causa ambiental pode ampliar o impacto de nossas ações individuais e fortalecer a voz coletiva na busca por mudanças.

4. Pressionar por políticas sustentáveis: Exercer nosso poder como cidadãos é essencial para impulsionar a implementação de políticas públicas voltadas para a sustentabilidade. Participar de debates, manifestações pacíficas, enviar cartas aos representantes políticos e votar em candidatos comprometidos com a causa ambiental são maneiras de influenciar positivamente as decisões governamentais.

5. Educação e conscientização contínuas: A busca pelo conhecimento sobre questões ambientais e a conscientização contínua são fundamentais para agirmos de forma informada e engajada. Participar de cursos, palestras, seminários e ler livros e artigos relacionados ao tema nos permite aprofundar nossa compreensão e disseminar informações corretas para outras pessoas.

Enfrentamos desafios significativos em relação à sustentabilidade, mas também temos à nossa disposição diversas oportunidades para criar um futuro melhor. A ação individual e coletiva desempenha um papel fundamental nesse processo. Ao adotarmos práticas sustentáveis em nosso dia a dia, nos envolvermos em iniciativas comunitárias, pressionarmos por políticas adequadas e buscarmos constantemente educar-nos e conscientizar-nos, estaremos contribuindo para a construção de um mundo mais equilibrado e saudável. Juntos, podemos transformar os desafios em oportunidades e deixar um legado positivo para as gerações futuras.

CONCLUSÃO:

Neste livro, exploramos o tema do meio ambiente e como podemos contribuir para um planeta sustentável. Ao longo dos capítulos, abordamos uma ampla gama de tópicos relacionados à sustentabilidade, fornecendo informações, insights e sugestões práticas para que cada um de nós possa fazer a diferença.

Começamos com uma introdução ao meio ambiente e sua importância para a nossa sobrevivência e qualidade de vida. Em seguida, discutimos a crise ambiental e os principais desafios que enfrentamos, como as mudanças climáticas, a perda de biodiversidade, a escassez de recursos naturais e a poluição.

Exploramos também as oportunidades para a sustentabilidade, destacando a transição para energias renováveis, a economia circular, o papel da tecnologia e inovação, a importância da conscientização e educação e a necessidade de engajamento comunitário.

Abordamos tópicos específicos, como a importância da conservação dos ecossistemas, a preservação das florestas, a gestão de resíduos, a agricultura sustentável, o transporte sustentável, o engajamento da sociedade, as políticas públicas e legislação ambiental, e os desafios e oportunidades futuras.

Em cada capítulo, destacamos a importância da ação individual e coletiva. Cada um de nós tem o poder de fazer escolhas conscientes em relação ao consumo, reduzir o desperdício, participar de mobilizações comunitárias, pressionar por políticas sustentáveis, buscar educação e conscientização contínuas.

Ao adotarmos essas práticas e agirmos de forma responsável em relação ao meio ambiente, estaremos contribuindo para a construção de um mundo mais equilibrado e saudável. A mudança começa em cada um de nós, mas também requer a colaboração de governos, empresas e comunidades para alcançar resultados significativos.

Minha esperança é que esta obra tenha fornecido informações valiosas e inspirado você a tomar medidas concretas em prol do meio ambiente. Cada pequena ação conta, e juntos podemos criar um futuro sustentável para as gerações presentes e futuras. Lembremo-nos de que somos todos parte integrante deste planeta, e é nosso dever protegê-lo e preservá-lo para o bem de todos.

A jornada para a sustentabilidade é contínua e desafiadora, mas com comprometimento, conscientização e ação, podemos fazer a diferença. Que este ebook seja um ponto de partida para uma jornada pessoal e coletiva em direção a um futuro mais verde, saudável e próspero. O poder está em nossas mãos. Vamos agir agora!

SOBRE O AUTOR

Jose Ruiz Watzeck

Jornalista, Escritor, Autor, Geógrafo, Matemático, Professor, Neuropsicopedagogo, Especialista em Docência do Ensino Superior, Pós graduado em Auditoria, Gestão e Licenciamento Ambiental, Pós graduado em Geoprocessamentos e Georreferenciamentos, Pedagogo.

www.ingramcontent.com/pod-product-compliance
Lightning Source LLC
Chambersburg PA
CBHW070827220526
45466CB00002B/769